动物园里的朋友们

（第三辑）

我是袋熊

［俄］德·贝科夫 / 文

［俄］叶·马尔科娃 / 图

于贺 / 译

江西美术出版社

全国百佳出版单位

最大的袋熊两岁半时
身长可达 **1.2** 米。

最重的袋熊
体重约为 **38** 千克。

我是谁?

以前,我们祖先的个头非常大,和犀牛差不多。史前袋熊被称为"双门齿兽",但在4万年前,这一物种就灭绝了。准确地说,为了生存下来,他们的体形不得不变小,这种情况在自然界中比比皆是。现在,袋熊的平均身长约为1米,重量为20~35千克。

我们是世界上最大的穴居动物,简单来说,世界范围内,在大部分时间都生活在地下的哺乳动物中,我们是最大的。也许以前我们在地面上待的时间更长一些,但曾几何时,地上出现了许多不友好又愚蠢的动物,于是我们宁愿坐在舒适的洞穴里,不想让别人看到我们。

袋熊可以分为三种:第一种塔斯马尼亚袋熊,猜一猜他们生活在澳大利亚的哪个区域?他们的特点是鼻子上没有毛。第二种南澳毛鼻袋熊,他们生活在澳大利亚南部,从名字可以看出他们鼻子上是有毛的;第三种昆士兰毛鼻袋熊,我们就是这种,我们生活在澳大利亚北部昆士兰州,昆士兰毛鼻袋熊的数量是三种袋熊里最少的。

我们的居住地

我们只住在澳大利亚（包括澳属塔斯马尼亚岛），因此被称为"特有种"，也就是说，澳大利亚之外的地区都没有我们的踪影。没错，有时候我们也会被带到动物园里进行"巡回演出"，但气候和土壤都能让我们适应的动物园真的很少。例如，我们也有伙伴生活在美国和墨西哥的边境城市圣迭戈，那里建成了专门的"澳大利亚角"。我们的寿命真的很长，世界上最长寿的袋熊活到31岁，生前他住在澳大利亚的巴拉瑞特野生动物园。他非常聪明，什么都明白，无论何时看起来都很机灵，但他从来不会向任何人显露自己的智慧。就让那些傻瓜们喋喋不休吧，智慧的袋熊都是谨言慎行的。在欧洲人到澳大利亚定居之前，我们的数量还是非常多的，可以说我们是这片土地的主人，至少我们自己是这么认为的。但欧洲人开始消灭我们，因为在他们看来，袋熊会摧毁庄稼、危害农业。他们开始在我们居住的土地上耕种，摧毁我们的洞穴，总之，就是用各种方法破坏自然。人类并不明白，其实我们比任何农作物都重要！而且我们真的非常可爱呀！

1967 年，
世界自然保护联盟
将袋熊列入
濒危物种名录。

袋熊生活
在面积约
5~25 万平方米
的范围内，并懂得
保护自己的"领地"。

昆士兰毛鼻袋熊拥有特别漂亮的
棕色皮毛。

袋熊并没有什么特别
的气味，因为它们
没有汗腺。

我们的皮毛和尾巴

我们毛茸茸的。我们厚厚的皮毛是灰棕色的，也有淡红褐色的，它们真的相当柔软。我们最喜欢有人给我们挠痒痒。在专门的自然保护区里，人类可以与我们互动，甚至可以亲手给我们喂东西吃。如果人们停下来不给我们挠痒痒了，或者不再关注我们了，那时我们不高兴，就会跳起来用头顶他们。当人们开始再次给我们挠痒痒时，我们就会舒服地仰面躺着，伸展开四肢，尽情地享受。这样人们就可以看到袋熊的尾巴了。哦！袋熊的尾巴短短的，皮革质地，真是可爱极了！见到来澳大利亚旅游的游客，你只需要问他："你看到袋熊的尾巴了吗？"如果他没有给袋熊挠过痒，就等于没见过真正的袋熊！

我们的牙齿、爪子和脚掌

　　我们身后长着一个所谓的"后盾"，其实是屁股上密集的血管和软骨丛。因此，袋熊的屁股很硬实。用这样的屁股推挤敌人多好玩啊！有时候袋熊会用"盾牌"堵住自己的洞口，就像给洞穴关上门一样，这样就没人能进去了。袋熊还会用强壮的额头灵活地顶东西，所以我们被前后两端完美地保护着。

　　我们有 12 颗管状牙齿。从正面看，上颚和下颚各有两颗锋利的门齿，可以用它们撕咬植物的根茎和枝条。

袋熊的牙齿没有根，而且牙齿的生长伴随其一生。

袋熊的脚掌短小且弯曲，
但非常有力。

　　我们有很强壮的脚掌，脚掌上的爪子修长、坚固，而且非常锋利。
通常我们用它们来挖土和梳理皮毛——我们一直都在地下忙来忙去，
这活儿可不干净。如果有人对我们不够尊重，他马上就能感受到我们
爪子和牙齿的锋利与坚硬。

由于视力不好，袋熊经常把主人的衣服当作主人本人。

训练袋熊可不太容易，因为它们
视力不好，而且有时并不明白
人们想要它们做什么。

因为闻起来都一样呀！

我们的感官

　　我们袋熊是一种非常聪明的动物，澳大利亚原住民认为袋熊比狗还要聪明。他们的想法是正确的，我们的确比狗狗聪明，简直可以说是最聪明的动物！

　　我们的眼神很忧郁，眼睛看起来像是会说话一样。我们当然也知道如何发出声音，吃东西的时候会发出哼哼声，跑起来的时候又会叽叽叫。当有人给我们挠痒痒时，我们会呼噜呼噜地哼哼，如果没人帮我们挠痒痒，我们就会呜呜地低吼。哎哟，袋熊低吼的时候可是非常可怕的！

　　最好不要让我们发出呜呜的低吼声，要是听到了这种声音，一定得立即为我们挠痒痒！

　　我们的视力不是很好，因为我们大部分时间都在地下待着，坦白地说，没有什么值得特别分辨的，不是植物根茎就是蠕虫，看不看到它们都无所谓。但是我们的听觉非常敏锐，嗅觉也特别发达。什么？似乎闻到了胡萝卜的味道！我得走了，一会儿我们继续聊！

花熊最喜欢的事情就是刨土了，听从它的足迹，物色到土壤松软的地方来，给自己挖洞穴。

即使是最友好的袋熊，有时也很危险——
它们偶尔会挥动自己有力的脚掌，
上面可是长着锋利的爪子呢，这样可能会伤害到你。

我们做运动

　　尽管我们是慢性子，但是我们行动起来有时也很迅速。我们白天很迟钝，因为我们过着夜行的生活。白天我们要么在睡觉，要么在自己宽敞的洞穴里来回走动。通常袋熊不会在洞穴里和朋友见面。不过，我们昆士兰毛鼻袋熊会互相串门，去朋友的洞穴里做客，有时还会用特殊的隧洞连接彼此的洞穴，这样的话，一旦发生什么事情，就能相互帮忙了……

　　有时我们能够以每小时40千米的速度奔跑！没错，不过就是持续的时间不会很长。科学家们至今不知道为什么我们可以跑得这么快。是因为面临危险吗？但是真的遇到危险时，我们会迅速钻到地下，速度比最熟练的士兵挖掘战壕还快呢。看，刚才这里还站着一只袋熊，一眨眼，他就消失了！这么快的速度，也许是因为我们要追捕猎物？但在澳大利亚，我们的食物无处不在，有很多可口的根茎和青草。那到底是什么让我们突然快速奔跑呢？我才不会告诉你呢，否则你也会往那里跑，就轮不到我们了。

我们的食物

在所有农作物中，袋熊最喜欢胡萝卜，因为我们的主要粮食是可口的植物根茎，而胡萝卜正属于这类食物。我们也喜欢芜菁、西葫芦和绿色嫩芽。我们不吃肉，所以不要请我们吃香肠哟！但我们喜欢蘑菇、浆果和甘甜多汁的青苔。在我们吃饭时，可不要打扰我们呀！我们可以一连吃 8 个小时呢，之后大约要用 2 周的时间来消化食物。我们对水的需求并不高，因为我们可以从鲜草中获得所需的水分。我们和骆驼一样喝的水都很少，但他们没有在澳大利亚生活，也就是说，在这里，我们是喝水最少的动物之一。

在澳大利亚，严禁给野生袋熊喂食。

游客们，千万不要把食物留在帐篷里，
因为袋熊可以轻松撕毁最结实的帐篷，
把食物拿走。

袋熊的洞穴中宽敞的居住区域
有时候比隧洞要宽 **2** 倍。

在一个迷宫般的洞穴中
可以居住 **5~10** 只
成年袋熊。

我们的家

　　袋熊洞穴的平均深度为 3.5 米，地下隧洞的长度可达 25 米。我们经常建造由隧洞连接的整体系统，就像地铁一样。南澳毛鼻袋熊建造的洞穴结构最复杂。在澳大利亚南部，自然条件非常恶劣，所以洞穴必须挖得很深，那里的隧洞长度可达 70 米。以防万一，我们总是从"迷宫"中挖出几个出口。在隧洞中分布着我们的房间，这些都是我们用干草和树皮筑的窝。天气最热的时候，地表温度高达 50℃，但我们的洞穴中从不会超过 27℃。地表是 −5℃的寒冷天气时，洞穴中大约为 12℃。

　　我们的"迷宫"通风良好，所以从来都不会感到闷热，不像人类的那些石头房子。在挨着洞穴的入口处，我们则建造了专门用来休息的地方——我们喜欢躺在阳光里。

我们的宝宝

　　我们是有袋动物，也就是身体前面有一个育儿袋的动物，懂了吗？这个袋子是用来保护幼崽的，以免宝宝们过早进入残酷的世界，也可以保证他们不会妨碍到父母，因为他们可以坐在里面自己吃东西。刚出生的袋熊宝宝重量只有0.5克左右，所以妈妈带着他一点儿都不重。通常，袋熊宝宝在出生半年之后会出来接触自然，而毛鼻袋熊则在10~11个月大时才出袋活动，这打破了有袋动物的纪录。

长大了的袋熊妹妹通常会留在爸爸妈妈的洞穴里生活，而袋熊弟弟更喜欢拥有自己的住所。

袋熊妈妈身上育儿袋的进口在腹部下方，而袋鼠的则是在腹部上方。

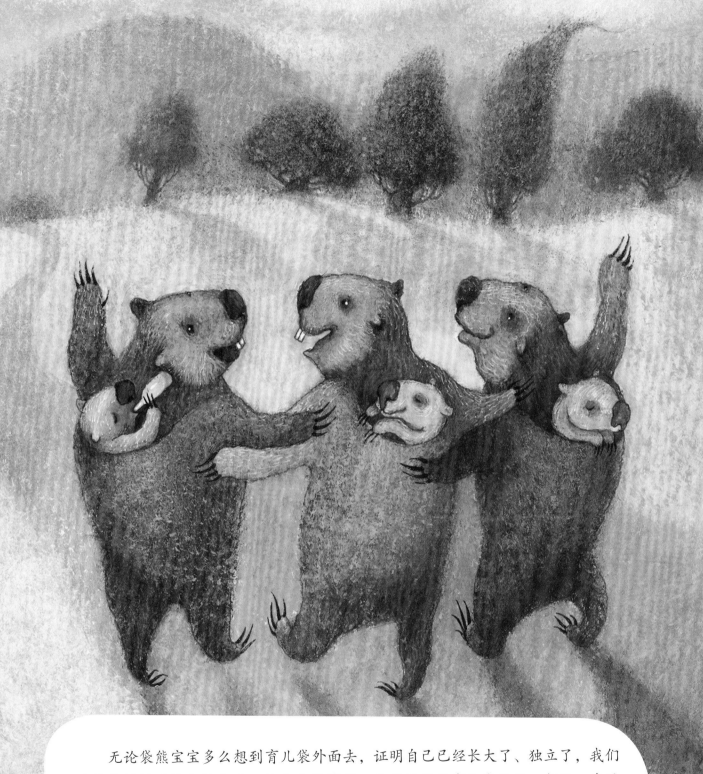

　　无论袋熊宝宝多么想到育儿袋外面去，证明自己已经长大了、独立了，我们的袋熊妈妈还是会坚定地回绝宝宝的请求。袋熊妈妈的育儿袋的开口朝后，真的是非常巧妙，可以避免妈妈刨土时土壤飞进育儿袋，让宝宝变得脏兮兮的。育儿袋中通常只有一只袋熊宝宝，有时也会有两只。

　　我们袋熊只要一选中正确的伴侣，就会一辈子在一起幸福地生活。

我们的天敌

　　在澳大利亚，大家都很喜欢我们，可以说，我们并没有天敌。如果非要说有的话，那就是野狗和澳大利亚楔尾雕了。野狗是一种总想没事找事的动物。当野狗开始冲我们大声吠叫时，我们该怎么办呢？我们会说："嘿，野狗，我们一起到洞穴里去吧。"在诱使他进入洞穴后，我们就会用坚固的"后盾"把他推到墙上，这时，他就会特别后悔和我们扯上关系。澳大利亚楔尾雕也是我们的天敌。一旦他们出现在周围，我们就会迅速钻到地下，我们是不会主动攻击任何动物的。

对于袋熊来说，酷暑和严寒都是很危险的。
以前，人们也会因为想得到袋熊的褐色皮毛而捕杀它们。

　　但现在，我们已经被列入红皮书了，法律不仅禁止杀害我们，甚至还禁止给我们起绰号或者故意逗弄我们，比如叫我们"胖子"之类的。

　　虽然我们看起来像个可笑的懒虫，但我们行动非常灵活，肌肉也很发达。我们短小而紧实的躯干和强健的脚掌都很完美，特别适合挖洞、打斗。其实，要惹恼我们可不容易，因为我们很温和。但大家都知道，万一惹怒一个老实人，七个坏人都拦不住。

通常，即使是野生的
袋熊，也不会
害怕人类。

建议游客们把
贵重物品藏在车里——
袋熊目前还不会开启车门。

我们和人类

澳大利亚各地的公路上都竖立着带有袋熊形象的警示标志，这样是为了防止我们意外被汽车撞伤。事实上，我们非常顽固，决定了要去哪里，就不会轻易放弃这个念头，因此我们绝不会绕过高速公路行走。这样就只能由驾驶员给我们让路，因为他们和袋熊可不一样，可以刹车和拐弯呢。

我们是善良、有礼貌的动物。

我们喜欢和澳大利亚的孩子们一起玩耍，他们经常感到非常无聊——袋鼠只会在他们周围跳个不停，懒惰的考拉只会吧嗒着嘴睡觉，真的没有什么动物可以和孩子们一起聊天玩耍。

当我们爬进澳大利亚某家的小仓库时，可以吃到胡萝卜，这是一种巨大的成功。主人们会开心地跳起舞来，而我们则温顺地看着他们，发出袋熊独特的声音。

在古代，人类都像我们一样聪明善良。而现在，只有我们保留下来了这些品质。珍惜我们吧！孩子们，请记住，我们很喜爱胡萝卜！胡萝卜有很多，而我们袋熊的数量却不多了。

你知道吗?

1797 年，一艘英国船只 在澳大利亚南岸遇难, 当时的欧洲人第一次 发现了袋熊。

海员设法逃离遇难船只——他们上岸之后遇到了一只不知名的动物，样子非常像小熊。当救援船带着遇难船的全体船员们抵达伦敦时，他们不仅把人带了回来，还带回了一只奇怪的迷你熊。

对这只活着的小怪物进行观察后， 权威的动物学家一致表示： "我们从未见过类似的动物。"

这样一来，欧洲人就和袋熊相识了，至今，它仍是被研究得最少的澳大利亚有袋动物之一。最神秘的是，在自然界中没有与之相似的动物：虽然它外表看起来像一只熊，但实际上它和熊之间除了都是哺乳动物外就没有其他共同之处了。

袋熊从未停止给人类带来惊喜， 就这样持续了 **200** 多年, 这么长的时间, 足够人类把袋熊研究得更细致了。

著名的自然学家杰拉尔德·杜瑞尔（Gerald Durrell）是这样描述袋熊的："乍一看，袋熊长得像考拉，但体格结实得多，这样看起来就更像熊了。它有着强壮、短小而略微弯曲的腿，'内八字腿型'和熊一模一样。但头部看起来又像考拉——圆圆的像纽扣一样的双眼、椭圆形的毛绒鼻子，还有耳朵周围长着一圈绒毛。"

袋熊如此可爱，澳大利亚人特别宠爱它们，如果它们来做客，就会收留它们一阵子。

这令我们有些吃惊，因为袋熊是如此新奇的小动物呀！但澳大利亚人对待这些动物就像我们对待仓鼠一样！当然，现在澳大利亚境内袋熊的数量也不像欧洲人刚抵达澳大利亚时那样多了，但人们仍然可以遇到它们。不巧的是，大多数情况下人们在夜间才能看到它们：在车灯的照射下，它们正沿着公路行走呢……

袋熊不懂交通规则，它们想在哪里过马路，就在哪里过，而且还慢吞吞的，连马路周围都不观察一下。

所以它们有时也会遇到麻烦。如果袋熊不幸钻到了车轮底下，善良的澳大利亚人从不会弃之不管——他们会把袋熊带到兽医那里进行治疗，然后把它们带回家并尝试与它交朋友。

在澳大利亚，想要把袋熊带回家，人们必须获取专门的许可证。

袋熊一般都很胆小，但也很容易被驯服。它们能很快适应人类，并不再害怕他们。如果努努力，甚至可以教会袋熊一些新技能，例如自己打开家门。

如果有一天你很幸运地拥有了属于自己的袋熊，请不要幻想教会它各种各样狗狗的把戏——为主人服务，伸出爪子或者把小棍叼过来……更糟的是，你的袋熊说不定恰好是袋熊中不那么容易相处的一只。因为一般情况下有袋动物是很难被驯服的。

这并不是因为它们不聪明，而是因为它们真的太与众不同了，和狗狗、猫咪完全不一样。

顺便说一句，袋熊是如此聪明，即使与人类生活了一段时间后，也很容易回归野外的生活。但其他动物很少像它们这样，通常，它们一旦适应了与人类在一起生活，就无法再回到野外生存。

袋熊非常机灵独立，或许它们不会那么快就依恋上人类？

但这并不意味着人类不能与袋熊交朋友——家养的袋熊与人和其他动物都相处得很好。因此，最近在澳大利亚的自然保护中心，两个小男孩、一只袋熊和一只袋鼠成了朋友，他们一直在交流互动，甚至在一张婴儿床上睡觉——好吧，不是婴儿床，而是在一块垫子上，但确实是在一起呀！

即使是最适应人类家庭生活的袋熊，无论如何也不会放弃自己最喜欢的事情——挖土！

任何决定饲养袋熊的人都要记住这一点：作为这个可爱小精灵的主人，将不得不在袋熊和美丽的花坛之间做出选择。这两者不可能同时存在，因为，在袋熊看来，刨坑并一直刨到自己想要的东西就是自己的天职。当然，对袋熊来说，没有什么比在篱笆下挖掘地道，然后向未知方向逃走更容易的事了。

毕竟它们的好奇心很重，

而且，它们很好奇篱笆下面

有没有好吃的东西。

袋熊非常喜欢吃，一般来说，它们都是素食主义者，随时准备尝试一些新的食物。例如，许多家养袋熊突然开始喜欢上喝牛奶。因此，在100多年前，查尔斯·康沃尔在他撰写的《动物世界》一书中，记录了一只非常喜爱牛奶的宠物袋熊，以至于无论人们把牛奶藏在哪里，它都能找到。有趣的是，它不仅喝牛奶，还会洗牛奶浴！这个习惯很别致吧！

有时，出于好奇心，

袋熊还会品尝

对自身有害的东西。

有一次，一群野生袋熊偶然发现了马铃薯田，于是决定去吃点儿马铃薯。但是，那些并不是马铃薯，而是一些生长在马铃薯丛中的绿色浆果！结果它们得了胃病，有的袋熊甚至开始脱毛！然后人类不得不对它们进行救治。幸好它们都痊愈了。但总的来说，袋熊吃东西应该小心，而不是什么东西都往肚子里填。在动物园里，必须仔细监控这种动物的外来饮食。

我们可能没机会拥有自己的袋熊，

因为现在袋熊被禁止带离澳大利亚。

为了纪念袋熊，澳大利亚南部的一个小镇、英国的一支摇滚乐队、一颗小行星，甚至还有一种重型反坦克炮，都用袋熊的名字来命名！这可能是因为在人们心中袋熊是位伟大的战士。

实际上袋熊善良、温和、

有些小懒惰——

懒惰只是人类的一家之言。

你来涂一涂

请仔细地观察这本书上所有的图片，然后试着给这个欢乐的袋熊家族涂上颜色吧！

嘿，现在你不会怀疑我就是
最神奇又最可爱的动物了吧？

再见啦！
让我们在澳大利亚见面吧！

动物园里的朋友们

本套书共三辑，每辑 10 册，共 30 册。明星作者以第一人称讲故事的形式，展现每个动物最与众不同、最神奇可爱的一面，介绍了每种动物的种类、生活环境、形态特征、生活习性等各方面。让孩子们足不出户也能了解新奇有趣的动物知识。

第一辑（共 10 册）

我是企鹅　我是狐狸　我是刺猬　我是老虎　我是蝙蝠　我是山羊

我是松鼠　我是狮子　我是北极熊　我是大熊猫

第二辑（共 10 册）

我是海豚　我是河马　我是猫　我是蛇　我是长颈鹿　我是驼鹿

我是蚊子　我是蝴蝶　我是浣熊　我是麝鼹

第三辑（共 10 册）

我是小熊猫　我是大象　我是长尾猴　我是斗牛犬　我是考拉　我是树懒

我是袋熊　我是蚂蚁　我是老鼠　我是臭鼬

图书在版编目（CIP）数据

　　动物园里的朋友们. 第三辑. 我是袋熊 ／（俄罗斯）
德·贝科夫文；于贺译. -- 南昌：江西美术出版社，
2020.11
　　ISBN 978-7-5480-7515-8

　　Ⅰ. ①动… Ⅱ. ①德… ②于… Ⅲ. ①动物—儿童读
物②有袋目—儿童读物 Ⅳ. ① Q95-49

　　中国版本图书馆 CIP 数据核字 (2020) 第 067711 号

版权合同登记号 14-2020-0156

Я вомбат
© Bykov D., text, 2016
© Markova E., illustrations, 2016
© Publisher Georgy Gupalo, design, 2016
© OOO Alpina Publisher, 2016
The author of idea and project manager Georgy Gupalo
Simplified Chinese copyright © 2020 by Beijing Balala Culture Development Co., Ltd.
The simplified Chinese translation rights arranged through Rightol Media（本书中文简体版权经由锐拓
传媒旗下小锐取得Email:copyright@rightol.com）

出 品 人：周建森
企　　划：北京江美长风文化传播有限公司
策　　划：巴拉拉
责任编辑：楚天顺 朱鲁巍
特约编辑：石　颖 吴　迪 王　毅
美术编辑：童　磊 周伶俐
责任印制：谭　勋

动物园里的朋友们（第三辑） 我是袋熊
DONGWUYUAN LI DE PENGYOUMEN (DI SAN JI) WO SHI DAIXIONG

［俄］德·贝科夫 / 文　［俄］叶·马尔科娃 / 图　于贺 / 译

出　　版：江西美术出版社
地　　址：江西省南昌市子安路 66 号
网　　址：www.jxfinearts.com
电子信箱：jxms163@163.com
电　　话：0791-86566274 010-82093785
发　　行：010-64926438
邮　　编：330025
经　　销：全国新华书店

印　　刷：北京宝丰印刷有限公司
版　　次：2020 年 11 月第 1 版
印　　次：2020 年 11 月第 1 次印刷
开　　本：889mm×1194mm 1/16
总 印 张：20
ISBN 978-7-5480-7515-8
定　　价：168.00 元（全 10 册）